森林动物

撰文/巫红霏   审订/李玲玲

U0364107

中国盲文出版社

怎样使用《新视野学习百科》？

> 请带着好奇、快乐的心情，展开一趟丰富、有趣的学习旅程！

1 开始正式进入本书之前，请先戴上神奇的思考帽，从书名想一想，这本书可能会说些什么呢？

2 神奇的思考帽一共有 6 顶，每次戴上一顶，并根据帽子下的指示来动动脑。

3 接下来，进入目录，浏览一下，看看这本书的结构是什么，可以帮助你建立整体的概念。

4 现在，开始正式进行这本书的探索啰！本书共 14 个单元，循序渐进，系统地说明本书主要知识。

5 英语关键词：选取在日常生活中实用的相关英语单词，让你随时可以秀一下，也可以帮助上网找资料。

6 新视野学习单：各式各样的题目设计，帮助加深学习效果。

7 我想知道……：这本书也可以倒过来读呢！你可以从最后这个单元的各种问题，来学习本书的各种知识，让阅读和学习更有变化！

神奇的思考帽

客观地想一想

用直觉想一想

想一想优点

想一想缺点

想得越有创意越好

综合起来想一想

? 森林里会有哪些动物出现？

? 最喜欢住在森林中的哪几种动物？

? 为什么许多动物喜欢住在森林里？

? 如果森林都消失了，地球会变成什么样子呢？

? 假如你是住在森林里的动物，你想当哪种动物？

? 我们应该如何保护森林与住在里面的动物？

目录 ◻

■神奇的思考帽

CONTENTS

单元 1

树木成森林

从"森林"这两个字，我们就可以了解，森林中最主要的生产者就是树木，其中大部分是指高大的乔木。

 森林的主角——乔木

对绿色植物来说，必须争取更多的阳光，才能进行光合作用。为了达到这个目的，各种植物便处心积虑地向上生长。森林的环境稳定，有利于树干的成长，因而乔木能长到高处得到较多的阳光。

在森林中，长得最高

树干提供了许多鸟类的安乐窝。（图片提供/达志影像）

乔木拥有高大的主茎，能将树叶撑到高处，以获得更多阳光。热带雨林中的乔木尤其高大，图为巴西的热带雨林。（图片提供/达志影像）

的乔木，当然可以得到最多的阳光，同时它们的养分又可成为其他动植物生存所需的资源。

乔木的根、茎、叶，提供了其他动物赖以为生的食物。森林中的许多动物，以树叶或果实等为食。因此，我们形容一个森林样貌（即林相）时，最简单又最直接的方法，就是以森林中数量最多、最占优势的乔木作为代表。

森林的类型

根据优势树种的不同，森林大略可分为四大类。1.以裸子植物为

寒温带的针叶林中，有驯鹿前来觅食。(图片提供/达志影像)

没有乔木的森林

现代人认定的森林，是指由高大的木本植物所组成，不过地球上最早的森林主角不是木本植物，而是原始维管束植物。3亿多年前的石炭纪，地史上首次出现了大片的森林，主要由木贼纲、石松纲植物组成，它们的茎直径可达0.3米，高度将近40米。

当种子植物出现后，由于拥有形成层，形成木材，因而能够更稳固、长得更高，得到更多阳光资源，原始的木贼纲、石松纲无法竞争而退居到森林的角落。到了现代，所有石松、木贼都很矮小，只有少数生长在热带地区的树蕨，仍保有树的外形。

与其他乔木相比，蕨类或许是小巫见大巫，但在几亿年前，它们可是森林的主角！(摄影/萧淑美)

主要树种，四季常绿的"针叶林"；2.以木本双子叶开花植物为主的"阔叶林"，有些在秋、冬会落叶，又称"落叶林"；3.以高大的乔木为主，一年中没有明显季节变化的"热带雨林"；4.同时包含2种或2种以上树种混生的"混交林"等。

针叶林常见的裸子植物是松、杉、柏等。若其中特定树种的数量，远远超过其他树种，便称为"纯林"。我们常以森林的优势种来称呼它，如铁杉林、桧木林、二叶松林等等。此外，早期的人工林通常只种植单一树种，形成另类的纯林，中国台湾地区常见的有柳杉林、相思树林等。

柳杉林是常见的人工纯林。(摄影/傅金福)

森林的形成

森林主要由乔木组成，乔木较适合潮湿、温暖的环境，所以在年雨量高于500毫米的地区，只要不是寒冷的极圈，都可能出现森林。不同的树种可适应不同的环境。据估计，全球有1/3的陆地覆盖着森林，其中南美洲和欧洲的森林面积几乎占全球的一半。

十年树木，百年森林

由于乔木的生长速度较慢，即使在适合的温度和雨量下，也必须经过长久的时间，才能形成森林。在生态系统演替的过程中，森林通常最后才会出现，不过森林出现之后，若没受到破坏，就能长期维持。

要知道森林是如何形成的，最好的方法是长期观察一片新生而且不受干扰

五节芒是新生土地最常见的先驱植物。（摄影/巫红霏）

森林形成的初期，鸟类是传播植物种子的重要媒介。

有水才有林

中国的五行观念认为："木生火，火生土，土生金，金生水，水生木。"这是古人观察自然界得出来的结论。树木需要水才能生长。

陆地生态系统主要分为6种，一个地区能够发展成哪一种生态系统，和温度、雨量有明显的关系。
1. 极地及高山上的"寒原"，过低的气温使树木难以生长。
2. 热带及温带地区的"沙漠"，年雨量一般低于250毫米，植物数量稀少，日夜温差大。
3. 温带大陆内部的"草原"，年雨量在300—1,000毫米间。
4. 非洲热带干燥地区的"稀树草原"，有明显的干季，年雨量为200—1,000毫米。
5. 温带或寒温带的"针叶林"，年雨量650毫米以上。
6. 热带及亚热带的"阔叶林"，平均温度高于10℃，年雨量超过1,000毫米。

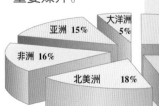

全球各洲的森林分布图。（制作/陈淑敏，资料来源：联合国粮食及农业组织）

大洋洲 5%
亚洲 15%
欧洲 25%
非洲 16%
南美洲 21%
北美洲 18%

铁杉比阔叶树更耐阴，因此成为高海拔森林演替的终点。（摄影/傅金福）

的土地，例如一小块废耕的农田，或是山崩过后裸露的土坡。通常在空旷的荒地上，最先出现的是禾本科植物，它们有数量庞大的种子能够随风飘散，很容易落在新生的土地上，并快速生长，这些植物称为"先驱植物"。

等到土地被草本植物覆盖，并积聚养分后，环境才逐渐适合小灌木生长，这时禾本植物就会渐渐消失。接着长出乔木，当乔木长高成林，树冠遮盖了阳光，灌木就无法生长，树冠下只能长些耐阴的植物，这时森林的样貌就形成了，各种动物也开始在里面生活。

当森林生态系统稳定后，各种动物就会纷纷出现。图为黄鼬（黄鼠狼）捕食野兔。（图片提供/达志影像）

❹由于树冠浓密，需要光照的白松树苗无法生长，森林换成较耐阴的阔叶树，动物种类也增多。

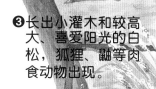

❸长出小灌木和较高大、喜爱阳光的白松，狐狸、鼬等肉食动物出现。

❷少数耐晒耐旱的植物出现，吸引了小型草食动物。

一座温带森林，大约要花费数百年的时间才能逐步形成。（插图/陈和凯）

❶荒地：偶尔有鸟飞过或风力吹送，带来种子。

充满生命力的环境

森林形成后，就会形成较为稳定的生态系统。由于有长时间地进化和孕育，森林中的生物种类，占了地球生物的一半以上，复杂度远超过其他生态系统，而且森林的生产力约为草原的2倍，可见它在地球上扮演着多么重要的角色。

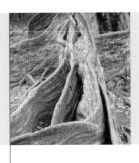

热闹的热带雨林

植物的生长，最重要的是阳光和雨水。日照时间长、年雨量丰富而平均的热带地区，就形成林相复杂的热带雨林。

丰富的立体世界

赤道附近的南美洲、东南亚，以及东非刚果地区，是热带雨林的主要分布地，其中年雨量平均的地区，就形成四季常绿的阔叶树林；而有明显干季和雨季的地区，则形成干季落叶的季雨林。

大多数植物都喜欢高温、潮湿的环境，因此

热带雨林中食物丰富，吸引许多动物栖息在此。图为一只长鼻浣熊正在采食香蕉。（图片提供/达志影像）

色彩鲜艳的鵎鵼是热带雨林最具代表性的动物之一。（图片提供/达志影像）

热带雨林中生存竞争特别激烈。为了获得更多的阳光，高大的乔木长得越来越高，而攀爬植物和附生植物也有机会沿着乔木的树干、枝叶来争取上方的阳光，植物间相互竞争的结果，让整个生态系统成为层次丰富的立体世界。

热带雨林中植物种类丰富，能够提供各种不同的栖息环境，而且可供动物食用的花、果实和叶子也多样化，因此热带雨林中的动物种类，远远超过其他生态系统，可以说是最热闹的森林。

动物的绿色天堂

虽然热带雨林内的动物种类多，但人们在地面上可能只能找到各式各样的昆虫和其他无脊椎动物，其中最常见的就是蚂蚁和白蚁等，著名的行军蚁、切叶蚁就是热带雨林特有的蚂蚁；此外，

蚱蜢、甲虫、蜘蛛等数量也不少，不过它们有着绝佳的保护色，让人类和掠食者很难发现。

树懒生活在树冠层，几乎不下到地面。（图片提供/达志影像）

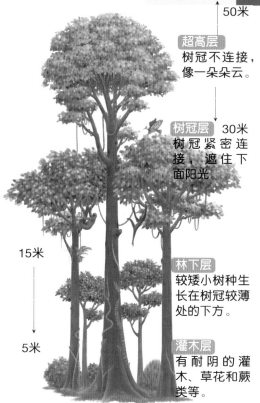

50米

超高层　树冠不连接，像一朵朵云。

树冠层　30米　树冠紧密连接，遮住下面阳光。

15米

林下层　较矮小树种生长在树冠较薄处的下方。

5米

灌木层　有耐阴的灌木、草花和蕨类等。

热带森林的树层。（插画/彭绣雯）

竞争激烈的成长比赛

热带地区整年都能接收到日光的照射，但雨林的树冠层以下，却一片阴暗，这是因为树冠浓密，阳光很难穿透到地上。为了照到太阳，植物只好努力长高。不过，并不是所有的植物都老实地从地面向上长，许多榕属植物便是以搭便车的方式快速接触到阳光。

时常喧宾夺主的榕属植物。（摄影/简瑞龙）

许多榕属植物的果实是鸟类喜爱的食物。当鸟类吃下榕果后，将无法消化的种子排出，这些种子可以在其他大树的枝干上发芽、生长，向上长出争取阳光的枝叶，向下长出吸收养分的根。植株不断快速地成长，有时甚至会将原本的大树缠绕勒死，完全占据大树的生长空间。

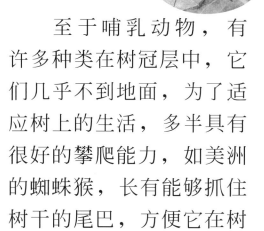

试着把叶子搬回蚁窝的切叶蚁。（图片提供/达志影像）

至于哺乳动物，有许多种类在树冠层中，它们几乎不到地面，为了适应树上的生活，多半具有很好的攀爬能力，如美洲的蜘蛛猴，长有能够抓住树干的尾巴，方便它在树冠间摆荡。

由于食物充足，热带雨林中的鸟类数，也居全世界之冠，其中大多数种类有着鲜艳的羽毛或响亮的鸣叫声，鹦鹉、蜂鸟等是最具代表性的鸟类。

食物丰富的阔叶林

阔叶林带分布在热带和温带地区之间，这里的优势植物主要是各种叶子宽大的阔叶树。

四季不同装扮的阔叶林

阔叶林在四季有明显的变化，温暖的春、夏季，植物靠着大型的叶片进行光合作用，森林显得十分繁茂；但到了秋、冬，气温下降，日照逐渐缩短，为了减少水分散失，许多温带地区阔叶树种的叶子便会变色并掉落，只留下光秃秃的枝干，因此这类森林又称为落叶林。

为了适应四季的变化，阔叶林的植物必须随着季节调整生长情况，除了叶子的生长和掉落之外，开花、结果的时间，也都受到季节的影响。

森林下层的小型草本植物，由于生长速度较快，可在春天树冠层的树叶还没遮盖阳光之前，获得足够养分开花、结果。木本植物体内储存了较多的养分，四季都可以开花，但多数乔木会在昆虫大量出现的夏天开花，并在秋天结出满树的果实。

黄山雀属于山雀科，发出的声音听起来像"是谁——、是谁——"、"自己的、自己的"。

红狐是一般所说的狐狸，嗅觉灵敏，有储食习惯。
（图片提供/达志影像）

森林中常见的金龟子，主要以吸食树液或花蜜为生。（摄影/傅金福）

动物的生存之道

嫩叶、花蜜和果实等是草食动物的主要食物，动物必须调整生活习性，来适应食物的变动。春季和夏季气候暖和，食物充足，大多数动物在此时繁殖；秋季和冬季，气候寒冷，食物不易寻找，动物必须有应对之道。

昆虫大多数是一年生动物，冬天以卵或蛹过冬。有些松鼠会在冬天来临前，储藏大量干果和种子，供冬季食用。爬行类和两栖类，通常会寻找安全的场所，以休眠来度过整个冬天。飞行能力较强的鸟类，常在秋季迁移到温暖的地方，避开寒冷的冬季。

阔叶林中最引人注意的，就是各种雀科和山

龙猫的食物——壳斗科植物

卡通龙猫的小背包里，掉出一颗颗圆滚滚的橡树种子，它有着硬硬的外壳，上面覆盖着一个小帽子，是一种壳斗科植物。壳斗科植物是温带、亚热带林地的主要树种之一，果实富含淀粉，是许多动物爱吃的食物，在阔叶林里占有重要的生态地位。

虽然很多人没有听过壳斗这个名称，不过在人类的生活中，有许多著名的植物就是属于壳斗科。西方文学中经常提到的橡树，就是温带最常见的壳斗科植物；人们常吃的栗子，果实外表长满了毛，但剥开后，里面种子就有明显的壳斗特征。

养分充足的壳斗科植物果实，是许多动物的食物。（图片提供/达志影像）

一种飞蛾的毛毛虫正准备在枯叶下结蛹。（图片提供/达志影像）

雀科鸟类，几乎所有森林都能听到它们的叫声。常见的哺乳动物则有老鼠、松鼠等啮齿类动物，以及黄鼬、獾、狐狸等小型肉食性动物。此外，还有许多蜥蜴、蛇等各种爬行类动物。

松鼠在秋天就开始收集过冬的食物。（图片提供/达志影像）

常绿的针叶林

在欧亚大陆和北美洲地区的高纬度地带，阳光和辐射热都比热带地区少，因此植物的光合作用并不旺盛，能够供养的动物数量较少，种类也较单纯。

貂大都生活在树上，毛茸茸的长尾巴在爬树时有保持平衡的功用。（图片提供／达志影像）

漫长冬天的考验

这个区域的优势植物是裸子植物，它的叶子不会随着季节脱落，终年常绿。大部分裸子植物的叶片呈针状，能够抵御寒冷的空气。

在高纬度的针叶林中，夏天短而潮湿，冬天又长又冷，动物必须能够忍受冬季的低温，才能在这里定居。这里最常见的哺乳类，有麋鹿、棕熊、狼、旅鼠等。由于体形较大的动物能够抵御低温，因此不论是肉食性的熊，还是草食性的鹿，大多数个体都比热带地区的同类大。

棕熊的皮毛丰厚、体形壮硕，能适应低温的环境。（图片提供／达志影像）

交嘴雀的上下喙前端，左右交叉，有如钳子，方便取食松子。（图片提供/达志影像）

灰狼过去曾广阔地分布在各洲的森林中，但随着人类猎捕与栖息地减少，数量已大为减少。（图片提供/达志影像）

谁在吃针叶

对大部分动物来说，裸子植物干巴巴的针叶一点吸引力也没有，不过却有一些毛毛虫视它为美味大餐，那就是针叶林常见的"松毛虫"。法国博物学家法布尔在《昆虫记》中，曾经描述了松毛虫的一生，它们以松树的针叶为食，由于食量惊人，常把整棵树吃得光秃秃的，是对松树危害性最大的昆虫。

松毛虫是蛾类的幼虫，部分种类的毛有毒，不小心接触到，会又肿又痛。（图片提供/达志影像）

近来中国研究出"生物导弹"的技术，来防治这个问题。科学家在寄生蜂体内植入病毒，当寄生蜂在松毛虫身上产卵时，就把病毒传入虫体，最后造成松毛虫之间的交互感染，以达到控制虫害的目的。

适者生存

在终年不落叶的针叶林中，由于下层得到的阳光很少，草本植物不易生长，因此大多数草食性昆虫以针叶为食。虽然针叶林中树叶很多，但只有少数昆虫能够取食和消化针叶，再加上昆虫比较不耐寒冬，因此针叶林中的昆虫数量不多，而且大部分只在夏天出现。

至于鸟类，除了以昆虫为食的小型莺科鸟类外，以植物为主食的鸟类多半取食球果中的松子，有些种类还进化出能处理球果的构造，如交嘴雀便能利用像钳子一样交错的嘴喙，打开球果的鳞片，取出松子来吃。

森林的季节变化

在森林中，由于温度和湿度受到树木的调节，因此不会像林外的变化那样极端。不过随着季节的变迁，不但森林的样貌会改变，林中的动物种类和行为也会跟着有所不同。

冬眠中的林跳鼠。（图片提供/达志影像）

终年如夏的热带林

在所有的森林中，热带雨林最少受到季节影响，在这里一年到头都有充足的阳光和温暖的气候，只有相对的干季、雨季。雨季的时间各地不同，赤道以北的亚马孙雨林，雨季是3—7月，而赤道以南则为10月到翌年2月。雨季时许多树木的根被淹没，反而难以生长。热带雨林的动物较少受到季节影响，主要的行为改变是随着植物的开花结果，而改变食物的种类。

四季分明的落叶林

中纬度的落叶林四季分明，森林中许多树种每年秋、冬定期落叶，开

春天总是万物繁殖哺育的最好季节，图为金花鼠妈妈正在哺乳3只宝宝。（图片提供/达志影像）

寒冷的冬天，部分黑熊会进入隐密的洞穴冬眠。（图片提供/达志影像）

花植物则多半有固定的花期。随着季节变化，也有不同的动物出没，不论是春天的鸟类求偶鸣唱，还是夏天的蛙鸣蝉叫，都能让人感受到季节的更替。由于夏季较长，冬季也不像高纬度森林那么冷，动物有充裕的时间储存能量，大部分动物不需迁移或冬眠，只有部分鸟类迁移到热带地区过冬。

驯鹿尽力寻找冬天苔原上仅存的食物，或移往森林。
（图片提供/达志影像）

冷暖交替的寒温带林

纬度越高的森林，越容易受到季节变化的影响。许多接近森林自然分布界限附近的动物，一年中甚至只有一半的活动期。春、夏两季是各种动物最活跃的季节，由于食物丰富，动物多半在这时繁殖、成长。冬天之后，鼠类、灰熊等哺乳动物进入隐密的洞穴冬眠，驯鹿则从苔原迁入森林，而许多鸟类飞向更温暖的森林过冬，动物的种类和夏天有所不同。

柳林中的风声

森林是个生气蓬勃的地方，森林里有哪些动物，它们会发生什么故事呢？童话《柳林风声》以鼹鼠、河鼠、蟾蜍及獾作为故事主角，说出它们在森林、河边和田野所发生的友谊和奇遇。这本书是英国作家肯尼思·格雷厄姆撰写，原本是他为儿子童年时所编讲的故事。作者本身住在乡野，同时也喜好大自然。借由他笔下的可爱动物，让我们可以感受到大自然的美好；另外，从动物的社会，我们似乎也看到了人类的社会。这本书有多么精彩好看呢？就连当时的美国总统罗斯福都一口气把这本书读了3遍呢！

蝉"知了、知了"的叫声，是夏季阔叶林中常听见的声音。

地底下的动物

（摄影/简瑞龙）

为了竞争阳光，森林中的乔木越长越高，形成一个复杂的立体环境。动物就像住在植物组成的高楼大厦里，除了地面以上的部分，"地下室"里的生物也很丰富。

高低有别的生活环境

一个结构完整的森林，从地面到树顶，布满了各种高度的植物。由于光照随着高度会有明显的差异，造成每一个高度层次的温度、湿度、风速和二氧化碳浓度都不相同，因此每一层都有不同的植物群，动物相（即动物种类）也就跟着改变。

来到一片成熟而未受干扰的森林，很少看到裸露的泥土，地表通常被各种草本植物和大树落下的树叶层层覆盖，这样的环境最适合小动物躲藏。蚂蚁、白蚁等是最常见的地下动物，地鼠、蜥蜴等也在地下筑巢，看似平静的地表，底下其实热闹非凡。

獾是体形较大的穴居动物。它们到洞口外排泄，不会把排泄物遗留在洞穴里。（图片提供/达志影像）

大自然耕耘机——蚯蚓

由于长时间生活在泥土中，土栖动物的眼睛等视觉器官大多退化，但对嗅觉和震动比较敏感。蚯蚓是标准的土栖动物，体节间有帮助爬行和感觉震动的刚毛，有利于在泥土里钻动，但视觉器官退化得只剩下少数感光细胞。

陆生蚯蚓以土壤中的植物碎片、种子或微生物为食，因此肥沃的腐殖土最适合陆生型蚯蚓的生存。由于蚯蚓可以钻土取食土壤中的有机物，改善土壤物理、化学性质，因而赢得"大自然耕耘机"、"大自然施肥者"的美称。

长得很像老鼠的鼩鼱，主要以昆虫为食，一天的进食量甚至超过自身的体重。（图片提供/达志影像）

地底的神秘客

森林的地表经常堆满了各种枯枝落叶，如果拨开上层的落叶，会发现越接近泥土的落叶，腐烂分解得越多，有些已经完全变成泥土的颜色，这就是泥土中有机质的主要来源。

营养丰富的腐殖土中滋养着各种土栖的无脊椎动物，其中包含了不少肉眼勉强可以辨识的线虫、蚤类，还有较大型的蚯蚓、马陆、鸡母虫（金龟子的幼虫）等。土栖动物将富含腐殖质的泥土吞下，消化后使其变为更小的粒子排出体外，从而加速了有机质的分解循环，使树木能够重新利用这些养分。

除了以泥土、碎屑为食的无脊椎动物，地底下还有肉食性的蜘蛛、蜥蜴和小型啮齿动物，它们以泥土中的小型无脊椎动物为生。这些掠食者的活动力较强，并不是一直躲在地底下，偶尔也会到地面四处走动。

鼹鼠的尖鼻子和锐利前爪，是挖洞的好工具。（图片提供/达志影像）

蜘蛛　蚂蚁

蜈蚣

鸡母虫

蚯蚓

野兔喜欢群居在洞穴。

黄鼠狼能钻进鼠洞捕食野鼠。

狐狸繁殖时，会占据现成的树洞或洞穴。

獾的洞道干净，洞口周围有固定排便的浅坑。

鼹鼠独居在洞穴，穴中有多条通道。

森林里的地下世界。（插画/陈和凯）

森林下层的动物

在森林中，人类最容易观察到的是林下层，也就是地表以上、树冠以下的层次，然而这里却是动物较少的区域。

哪种林下层比较热闹？

如果森林的树冠层树叶浓密，林下层的植被就会比较稀疏，大型的草食动物较少，而以草食动物为食的肉食动物更少。以热带雨林为例，虽然生物的种类和数量都很多，但当人们走进热带雨林探访时，很少有机会看到动物，尤其是可供人类食用的猎物，早期探险家进入

滑翔的鼯鼠。鼯鼠的前后肢间有一层皮质的膜，可以让它们在树上由高处往低处滑翔。（图片提供/达志影像）

虎身上的斑纹具有保护色的作用，图为印度的野生孟加拉虎。（图片提供/达志影像）

热带雨林，便常因为食物缺乏而失败。

树冠层枝叶较稀疏的森林，林下层便常生长灌木和各种草本植物，吸引鹿、山羌等大型草食动物前来取食，而猎捕草食动物的虎、豹等也会在这里出没。在春暖花开的时候，森林下层的昆虫大量出现，各种鸟类也会前来觅食。

伞的妙用

你一定想不到伞还有这种用处吧！试试看你能观察到什么动物。（插画／穆雅卿）

一把伞，除了可以遮太阳、避雨水，还有什么用途呢！当你想调查树上的小动物时，可能会发现它们的体积太小，加上树枝太高，不容易看得见。这时候，拿出你的伞，倒挂在树枝上，然后在一旁轻轻摇动树枝，它们就会现身在伞中了。这时候，将树的名称、你发现的小动物名称和数量，以及发现的时间与地点，记录下来，就完成1次小调查了。不过，别忘了一定要再将它们放回去哦！

适宜生存的身体构造

由于森林下层的枝条根系纠缠，身躯庞大的动物不易活动，因此来到森林生活的动物，为了适应环境，逐渐进化出体形较小的种类。此外，大象、野猪等大型哺乳动物，则有另一种适应方式：它们的蹄与楔形的头部等身体构造，让它们能够快速地在森林中穿行。

对于林下层的动物来说，主要的活动场所除了地面之外，还有像大柱子般

野猪是群体行动，动作敏捷。（图片提供／达志影像）

只有雄山羌长角，雌山羌无角。鹿类的角每年都会脱落，再长出新角。（摄影／傅金福）

的树干。以树干为主要活动场所的动物也进化出各种相应的外观，例如松鼠和鸟类通常拥有和树干相似的体色，有些还会长出像树干的纵纹，以增加隐蔽性；鼯鼠则是在四肢间长出飞膜，以便在树干之间滑翔；为了能在树干上攀爬，许多蜥蜴的脚掌长有吸盘，并有能勾住树皮的爪子。

蓝鸲捕捉到蜻蜓准备大快朵颐。（图片提供／达志影像）

単元 9

树冠层的动物

（图片提供/维基百科）

在森林生态系统中，最多彩多姿的层次之一就在树冠层，茂密的枝丫和树叶，将大部分的阳光都留在这里了。这里的光合作用最旺盛，生产的能量也最多，自然也能提供更多动物可用的资源，动物相就丰富起来。

灵长类是树冠层中的主角，个个都是攀爬专家，图为巴西热带雨林中的蜘蛛猴。（图片提供/达志影像）

世界上最大的蝴蝶——鸟翼蝶，翅膀有明显的金黄色，展开超过十几厘米。（图片提供/达志影像）

身手矫健的灵长类

生活在树冠层中，花朵、树叶、果实等食物并不缺乏，而浓密的枝叶更是筑巢安居的好地方，因此这里可以满足许多动物所有的生活需求，有些猴类甚至一生都不用下到地面活动。

不过在树冠层中讨生活也不容易，必须具备在枝叶间攀爬的能力，才能够觅食或躲避敌害，其中最具代表性的动物就是树栖性的灵长类动物，如蜘

长臂猿是另一个主角，拥有一双长手臂，可在林间快速摆荡。（图片提供/达志影像）

蛛猴、松鼠猴、猕猴、长臂猿、红毛猩猩等都是爬树的高手。

生长在森林里的猴子都有长长的四肢，可以作长距离的摆荡；拇指与其他四指分离，能够对握，以牢牢地抓住枝条；生活在热带雨林中的蜘蛛猴，还有像第5只脚一样的长尾巴可缠住树枝，让身体延伸到更远处采摘果实。

金刚鹦鹉原生活在热带雨林，因色彩鲜艳，而成为人类宠物。

色彩鲜艳的物种

与阴暗潮湿的森林下方不同，树冠层是充满阳光的环境，因此这里的动物也显得更加多彩多姿，例如全身翠绿色的树蛙和蛇类、身披金色毛皮的金丝猴、各种色彩缤纷的鸟类等。虽然它们看起来非常亮眼，但身处于金黄色的阳光和绿叶之间，却是最好的掩护色；至于色彩缤纷的蝴蝶，则是靠着身上的毒素有恃无恐，亮丽的颜色不但可以警告敌人，还是求偶的利器。

茂密的枝叶，为全身翠绿的腾蛇，提供了最好的掩护。（图片提供/达志影像）

动物不见了

走进森林，看见的都是树木花草，怎么没看见动物呢？原来动物四处移动，或是在不同时间出没，因此不容易看到。不过，张大眼睛，还是可以找到它们的蛛丝马迹。

1. 鸟巢、洞穴：例如地面上的昆虫洞穴；枝丫、灌丛和树干上的鸟巢。
2. 蛇皮、虫壳：例如夏季在树干上较容易看到的蝉壳。
3. 鸟羽、兽毛：例如有些鸟类会在冬、夏时换羽。
4. 树皮的痕迹：例如松鼠会啃咬树皮为食；熊会抓树干作为领域记号。
5. 动物的足迹、粪便：例如动物到水边喝水，在附近的湿地上留下足迹。

当然，进入森林，除了仔细看，也别忘了用耳朵听哦！

林中的水边湿地通常会留下动物的足迹。（摄影/巫红霏）

森林中的日与夜

为了有效利用环境中不同时间的各种资源，动物们各自发展出不同的活动时间。动物根据一天的觅食活动时间，可分为"日行性动物"、"夜行性动物"，以及在日夜交替时活动的"晨昏性动物"。

 ## 日行客

森林中大多数鸟类都能适应较强的光照，过着日出而作、日落而息的生活。它们有绝佳的视力来寻找食物，尤其是清晨，许多昆虫因低温而活动力下降，此时是鸟

趴在树上休息的豹。豹喜好在夜间猎食，因此白天大部分时间难得见到它们的踪影。（图片提供/达志影像）

库柏鹰是白天活动的猛禽，分布在北美洲，翅短而圆，爪子强劲锐利，图中的鸽子正好成为它的目标。（图片提供/达志影像）

马达加斯加的变色龙，属于变温动物，适宜在温暖的白天活动，以昆虫为主食。（图片提供/达志影像）

类捕食的高峰期；但阳光一消失，不适应夜晚的鸟类就必须睡觉休息。

此外，许多变温动物也属日行客。由于夜间气温较低，它们需要阳光的热力来提高活动力，因此蝴蝶、蜥蜴、蛇等变温动物，一天的活动都开始得比较晚。

懒猴是夜行动物，趁黑狩猎可以弥补它们行动迟缓的不足。（图片提供/达志影像）

夜行侠

白天的光线对于采食植物、寻找猎物的掠食者有利，但对猎物来说却非常危险，因此许多动物便选择白天休息、晚上活动。据研究，最早的哺乳类出现在恐龙繁盛的时代，它们为了躲避白天活动的恐龙，都在夜晚活动。在现今的森林生态系统中，仍有六七成的哺乳类是夜行性动物。

哺乳类中的老鼠、鼯鼠、负子鼠等都是靠着黑夜来躲避掠食者。不过，许多掠食者也跟着进化成夜间活动，以猎捕夜行性的猎物，例如猫科动物就是森林中最知名的黑夜杀手。

日夜颠倒的生活

人类是不折不扣的日行性动物。人类在早期社会多半过着日出而作、日落而息的生活，但是随着越来越多的24小时超市、餐厅的出现，许多人都转变成夜间活动的夜猫子。

其实不仅是人类，有些动物活动的日夜节奏，也会随着环境而改变。动物一天的活动时间会随着栖息地形态、季节与气候的更替，甚至生活史的不同阶段而改变。以鸟类为例，大部分鸟类都是日行性动物，但是在迁移时常在夜间飞行，而且在食物不足时，会延长觅食的时间。

至于晨昏性的动物种类较少，常见的有草食性的哺乳动物，例如山羌。

猫头鹰是夜行的猛禽，飞翔时没有声音。（图片提供/达志影像）

森林里的草食动物

在生态系统中，直接以植物为食的动物称为初级消费者，也就是所谓的草食动物。森林里有各式各样的绿色植物，这些植物的根、茎、叶、花和果实都可能成为动物的食物，因此森林里草食动物的种类和数量也很可观。

蝴蝶除了吸食花蜜，有时也会吸食树液。（摄影/巫红霏）

昆虫与鸟类的觅食乐园

森林里最多的初级消费者是各式各样的昆虫，一棵树的每个部位都可以找到各种不同的昆虫。为了减少竞争，昆虫的食性各不相同：蝴蝶、蜂等以花蜜为生，而它们的幼虫——毛虫则以植物的叶片为食；同样以树液为食，金龟子、独角仙等大型甲虫多半吸食枝干的汁液，而蚜虫则以吸食嫩芽为主。

此外，森林中也有许多以植物为食的鸟类，它们多半以营养成分较高的种子和果实为食，许多种类的鸟喙还特化出不同的形状，能够取食不同植物的种子。

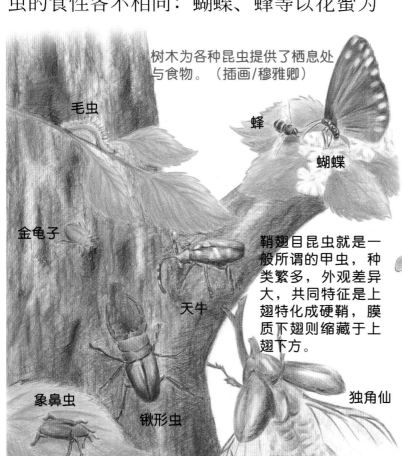

树木为各种昆虫提供了栖息处与食物。（插画/穆雅卿）

毛虫

蜂

蝴蝶

金龟子

鞘翅目昆虫就是一般所谓的甲虫，种类繁多，外观差异大，共同特征是上翅特化成硬鞘，膜质下翅则缩藏于上翅下方。

天牛

象鼻虫

锹形虫

独角仙

各显神通的哺乳类

在森林里，猕猴、松鼠等多半以植物的果实为主食。为了获取足够的营养，它们需要较大的活动范围，以采食大量果

鹿是典型的草食动物之一，四肢细长，善于奔跑。

松鼠的活动范围很大，以获得充足的食物。（图片提供/达志影像）

另类的草食动物——虫瘿

子，结果果实内的种子也有机会散播到远方。

以营养成分较低的树叶为食的大型哺乳动物，因为在森林中不容易获取足够的食物，所以成为森林动物中较少的一群。热带雨林中动作缓慢的树懒、澳大利亚森林中的无尾熊，都靠着减少活动来降低能量的消耗。

鹿科、牛科等偶蹄动物的主食是禾本植物。温带的森林中由于树木较稀疏，阳光可透射到森林下层，因此有较充足的禾本植物供它们食用；但在热带森林，地表可获得的食物不多，一些鹿科动物只能生活在森林边缘。

走进森林里，偶尔会发现一些树叶上长出一颗颗"果实"，仔细看，里面包裹的可不是植物的种子，而是昆虫的幼虫，这些构造就称为"虫瘿"。

某些叶蜂类、果实蝇类、木虱、象鼻虫等昆虫称为造瘿昆虫，母虫会将卵产在特定的寄主植物上，好让孵化的幼虫能够立即取食植物汁液。随着幼虫逐渐长大，植物被寄生的地方会在刺激下发生病变而不正常生长，形成各式各样凸起的虫瘿组织，这也成为幼虫安全的避难所。

只吃尤加利树叶的无尾熊，总是在树上休息，以减少体力消耗。

看起来像一颗颗葡萄的虫瘿。（图片提供/维基百科）

森林里的肉食动物

在生态系统的能量金字塔中，位于最上层的就是肉食性动物。由于它们消耗的能量较多，因此无论种类或数量都比草食性动物少得多。

食蚁兽正伸长了舌头，享用一顿美味的蚂蚁大宴。（图片提供/达志影像）

啄木鸟强有力的爪与坚固的头盖骨，可确保啄木时不会坠落与震伤头部。（图片提供/达志影像）

虫虫大餐

由于森林中的昆虫数量很多，因此有许多肉食动物以昆虫为主食。生活在水边的蛙类，不会放过从眼前飞过的昆虫；外形很像老鼠的鼩鼱，经常在地面和地底下搜寻昆虫大餐；对于鸟类来说，肥大的毛毛虫是它们的最爱。此外有些鸟类还有独特的捕虫绝技，例如燕子能在飞行中捕食飞虫，啄木鸟以树干里的虫为食。

狩猎者

除了昆虫之外，小型的鼠类也是肉食动物重要的食物来源。在地面上的狐狸和黄鼠狼等哺乳动物，以及树上的蛇类、空中的猫头鹰，都以猎捕老鼠和青蛙等小动物为食。

森林里最引人注目的肉食动物，还是大型的食肉目动物，如针叶林中的狼和猞猁（大山猫）等，落叶林中的熊、美洲狮、云豹等，以及在热带雨林中的豹、孟加拉虎、美洲豹等。为了在森林中狩猎，它们多半有爬树的能力。

一只蝴蝶成了青蛙的大餐。（图片提供/达志影像）

珍贵的消费者

　　这些动物多半是森林里最高级的消费者，数量最少，但却常是生态系统中重要的基石物种。由于它们掠食各种草食动物，间接控制了其他物种的族群量，因此一旦消失，就会对生态系统的平衡产生严重的影响。但是它们对栖息地的要求较高，最容易受到环境破坏的影响，因此很容易濒临绝种，常常成为重要的保护对象。

雄踞在枝干上的美洲狮，除了是爬树高手，也善于跳跃，喜欢捕食鹿、兔与羊。（图片提供/达志影像）

能量金字塔

　　在生态系统的能量金字塔中，肉食动物位于最上层，而生产者（绿色植物）位于最下层。生产者以光合作用吸收太阳的能量，使之成为自己的能量，这样的过程会造成能量的损失；金字塔层级愈高，也就是食物链愈长，能量的损失就愈多，因此愈高级的消费者种类和数量愈少，比如森林里肉食性动物远比草食性动物少得多。

能量金字塔，愈往上层的消费者，种类和数量就愈少。（制图/陈淑敏）

高级消费者

二级消费者

初级消费者

黄鼠狼正式的名称为黄鼬，虽然体形不大，却是个小猛兽。（图片提供/达志影像）

森林里的分解者

一个完整的食物网包含了生产者、消费者和分解者。绿色植物吸收二氧化碳和水等无机物，借由阳光的能量合成有机物，并进而制造出根、茎、叶等组织；接

下来草食动物吃植物，肉食动物吃草食动物和其他的肉食动物。在整个过程中，会产生无法利用的有机物，如枯枝、落叶、动物的尸体和排泄物等，最后都要靠分解者将它们分解为二氧化碳和氮化物等，再度成为可供植物利用的养分。

无名小卒立大功

如果说肉食动物是控制森林的王者，那么分解者就是维持生态系统运作的无名英雄。尤其在落叶林中，每公顷土地每年有数吨的落叶，如果不是分解者将它们分解，那么森林早就被枯枝落叶盖住了。

在森林中最主要的分解者是各种微生物和蕈类。不同的有机物有不同

只要有枯木倒下，过一段时间就会看到一朵朵的蕈类冒出来。

的分解者，例如许多细菌主要分解动物的尸体和肉食动物的粪便，而放射虫则分解植物和草食动物的排泄物，至于蕈类则以分解木材为主。

一只已经死亡的白尾鹿。在森林中，许多清除与分解的工作，正在悄悄地进行。（图片提供/达志影像）

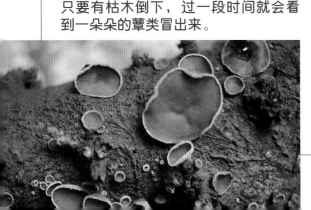

分解位置与速度

　　由于大部分的分解者都分布在土壤中，因此落叶都是由下层开始分解。如果我们翻开森林地上的枯枝落叶层，就可以发现愈接近土壤的地方，枯叶就愈

气候温暖的森林，枯枝、落叶分解的速度较快。（摄影/萧淑美）

破碎、颜色也愈深，最后叶片会变成土壤的一部分。

　　分解者分解的速度和温度有关，温度高的时候分解速度快。加上暴雨多，土壤储存的养分很少，分解者更亟需养分来源。因此在热带雨林，动植物很快速就能分解。此外，植物细胞具有细胞壁，因此比动物性的尸体难分解，在温带地区的落叶常要好几个月才能完全分解。

蚂蚁将死亡的动物分割成小块，但不是分解者。（图片提供/达志影像）

清除者不是分解者

　　许多动物以动植物的尸体和排泄物为食，能将尸体切成较小的碎屑，或是以有机碎屑为食，却不能将有机物分解为无机物，因此不是分解者，而被称为清除者。

　　苍蝇、蟑螂、蚂蚁等是动物性碎屑的清除者，衣鱼、马陆、蚯蚓则清除植物性碎屑，它们能加速分解者的工作，因此在生态系统中也有重要的地位。白蚁以木材为食，但它们是靠肠道内共生的原生生物（Trichonympha）分泌的纤维酶，将木质纤维分解为葡萄糖，因此白蚁也不算是分解者。

白蚁会危害木制品，但在大自然中，它们能加速腐朽的植物分解，对大自然的平衡很有贡献。（图片提供/达志影像）

森林的更新

虽然森林是一个比较稳定的生态系统，但不论是成熟还是新生的森林，都处在不停地变动中；也正因为这样，森林生态系统才更加复杂和多样化。

孔隙中的生机

红毛杜鹃是一种先驱植物。这种杜鹃在火灾后，果实会迸裂开来，使种子落在地上萌芽。（摄影/傅金福）

最常引起森林更新的是老树的死亡。由于每一棵乔木都有庞大的树冠遮蔽阳光，因此当巨大的老树死亡倒下后，茂密的森林中就会出现一片阳光可以照射到地面的土地，成为原本连续的树冠中间的一块空缺的地方——森林孔隙。在这里各种植物重新演替，直到有新的大树长满了枝叶，再次遮蔽了天空。

由于孔隙内有新生的植物，食物丰富多样，因此出现的动物比森林其他地方多。刚裸露的地面上长出草本植物和小灌木，吸引了无法爬到树上觅食的大型草食性动物；以草的种子和浆果为食的鸟类也聚集在这里；光线明亮的森林孔隙还是鸟类、蝴蝶等求偶展

一棵树的生命结束后，却能成为其他植物或动物生长、活动的地方，对于森林的生态仍然很有贡献。（图片提供/达志影像）

森林大火不仅使农林业受到损失，有时对生态也造成不小的浩劫。（图片提供/欧新社）

示舞姿的好地方。至于肉食性动物，则经常在这里等候猎物出现。

🐿 天然灾害

　　除了树木的自然死亡之外，天然灾害也是森林更新的主因之一。即使没有人类活动，森林也会因为累积枯枝落叶而引发火灾，并因火的温度与火烧面积的不同，而使森林有着不同程度的更新。森林大火不仅会造成孔隙和大片裸露地，并能促使某些种子发芽成长。此外台风、暴雨、闪电也可能使树木倒塌、大量的枝叶断落，从而加速森林更新。

火灾会使二叶松的果实迸裂。（摄影/傅金福）

防范森林火灾

　　森林大火可以说是森林更新的重要推手，然而由于人类在森林的活动日渐频繁，许多森林大火发生的主因是人为造成的，其中最常见的原因有烧垦、游客烧烤和工作人员取暖。

　　许多发展中国家的农民会以火烧野地的方式开垦，若不慎便可能造成严重的大火。最著名的例子就是印尼苏门答腊的火耕所引起的森林大火，在1997年曾经造成长达4个月的闷烧，烟霾四散，马来西亚、新加坡、文莱、菲律宾等邻近国家都受到霾害，严重的空气污染所造成的健康与经济损失难以估计。

　　近年来由于全球气候改变，森林大火发生的频率逐年上升，防范人为的森林火灾更成为一个重要的课题。

火灾过后，一株小树苗新冒出来。有时火灾有助于森林更新。（图片提供/达志影像）

英语关键词

林相　Forest Stand

针叶林　Coniferous Forest，Softwood Forest

阔叶林　Broad-leaved Forest，Hardwood Forest

落叶树　Deciduous Tree

常绿树　Evergreen Tree

雨林　Rain Forest

超高层　Emergent Layer

树冠　Canopy

林下层　Understory Layer

灌木层　Shrub Layer

地表层　Ground Layer

腐殖层　Humus Layer

孔隙　Gap

栖息地　Habitat

树栖的　Arboreal

动物相　Fauna

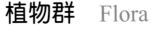

植物群　Flora

能量金字塔　Energy Pyramid

生产者　Producer

消费者　Consumer

分解者　Decomposer

清除者　Scavenger

掠食者　Predator

猎物　Prey

草食动物　Herbivore

肉食动物　Carnivore

日行的　Diurnal

夜行的　Nocturnal

晨昏活动的　Crepuscular

变温动物　Poikilotherm

恒温动物　Homeotherm

蕈类　Fungus

细菌　Bacteria

蚯蚓	Earthworm
蜘蛛	Spider
昆虫	Insect
蚂蚁	Ant
白蚁	Termite
甲虫	Beetle
松毛虫	Pine Caterpillar
虫瘿	Gall
两栖类	Amphibian
树蛙	Tree Frog
爬行类	Reptile
蛇	Snake
蜥蜴	Lizard
鸟类的	Avian
蜂鸟	Hummingbird
鹦鹉	Parrot
啄木鸟	Woodpecker
猫头鹰	Owl

哺乳动物	Mammal
啮齿类	Rodent
鼹鼠	Mole
松鼠	Squirrel
鼯鼠	Flying Squirrel
獾	Badger
麋鹿	Elk
山羌	Muntjac
黄鼠狼	Weasel
狼	Wolf
狐狸	Fox
豹	Leopard
美洲虎（豹）	Jaguar
蜘蛛猴	Spider Monkey
长臂猿	Gibbon
红毛猩猩	Orangutan

新视野学习单

1 关于森林，下列哪项描述是正确的，请打"√"。

（　）森林中最主要的生产者是树木。

（　）树木只有提供动物食物的功能。

（　）热带雨林的树木，秋、冬会落叶。

（　）针叶林常会出现某种优势树种，林相比较单纯。

（　）在森林的形成过程中，植物种类会从耐晒耐旱渐渐转成耐阴耐湿。

（答案见06—09页）

2 连连看，下列现象分别属于哪种森林?

四季的林相变化大·

日照时间长，年雨量丰富·　　　　　·热带雨林

以裸子植物为主，终年常绿·

森林的动物种类最多·　　　　　·针叶林

部分森林动物会存粮过冬·

昆虫较少·　　　　　·落叶阔叶林

（答案见10—17页）

3 关于森林的地下动物，下列哪项描述是正确的，请打"√"。

（　）全部以地面的枯叶和泥土为食。

（　）以泥土为食的动物，对树木的成长有害。

（　）长期生活在泥土中的动物，大多视觉退化，但嗅觉和触觉敏感。

（　）鼹鼠的身体构造很适合挖地穴。

（答案见18—19页）

4 关于林下层的动物，下列的描述，对的打"○"，错的打"×"。

（　）树冠层较稀疏的森林，林下层的生物比较丰富。

（　）春暖花开的时候，昆虫会大量出现。

（　）适合体形庞大的动物活动。

（　）树干上只有鸟类活动。

（答案见20—21页）

5 关于树冠层的动物，下列哪项描述是正确的，请打"√"。

（　）森林中动物的种类最多。

（　）树冠层的猴子四肢较短，便于爬树。

（　）阳光充足，许多动物的颜色特别鲜艳。

（　）食物充分，有些动物甚至一生不用到地面。

（答案见22—23页）

6 下列动物分别属于哪一类? 请填上号码。

1.日行性动物　2.夜行性动物　3.晨昏性动物

老鹰＿＿＿＿　豹＿＿＿＿　蝴蝶＿＿＿＿　蜥蜴＿＿＿＿

蛇＿＿＿＿　鼯鼠＿＿＿＿　山羌＿＿＿＿　猫头鹰＿＿＿＿

（答案见24—25页）

7 关于森林的草食动物，哪些描述是正确的，请打"✓"。

（　）食物来源只有花、叶子和果实。

（　）以种子为食的鸟类，鸟喙短而粗壮。

（　）草食性的哺乳动物通常活动范围大，以取得足够食物。

（　）树懒、无尾熊等因为树叶的营养低，因此要四处觅食。

（答案见26—27页）

8 这些森林的消费者分别是属于哪一等级?
将动物的号码填入金字塔中。

1.蚯蚓　　2.熊　　3.鼯鼠

4.树蛙　　5.蝴蝶　　6.啄木鸟

7.狼　　8.鼩鼱

（答案见28—29页）

高级消费者

二级消费者

初级消费者

9 关于森林的分解者，下列的描述，对的打"○"，错的打"✕"。

（　）分解的对象都是枯树、落叶。

（　）分解后可以成为二氧化碳和氮化物等，供植物利用。

（　）分解的速度和气温有关。

（　）蚂蚁、蚯蚓都是分解者。

（答案见30—31页）

10 请举出森林更新的3种原因。

_____

_____

_____

（答案见32—33页）

我想知道……

这里有30个有意思的问题，请你沿着格子前进，找出答案，你将会有意想不到的惊喜哦！

开始！

世界上哪一洲的森林面积最大？
P.08

什么是"先驱植物"？
P.09

哪种森物种类

蜥蜴利用什么攀爬树木？
P.21

世界上最大的蝴蝶是哪一种？
P.22

蜘蛛猴的"第5只脚"是指什么？
P.23

太棒赢得金牌。

松鼠怎样利用体色来隐蔽自己？
P.21

为什么森林的肉食动物比草食动物少？
P.29

森林中主要的分解者有哪些？
P.30

火灾对森林有什么影响？
P.33

为什么野猪可以在森林里快速行动？
P.21

为什么啄木鸟敲击树干而头部不会震伤？
P.28

什么是虫瘿？
P.27

颁发洲金

太厉害了，非洲金牌也是你的！

怎样分辨雄、雌山羊？
P.21

鼯鼠利用什么构造在树干间滑翔？
P.20

鼹鼠利用什么挖洞穴？
P.19

獾的洞么特色

林的动
最多?

P.10

热带雨林中
的鸟类有什
么特色?　P.11

阔叶林的昆虫大多
以哪种方式过冬?

P.13

不错哦，你已前
进5格。送你一
块亚洲金牌！

了，
美洲

森林的什么地
方最容易出现
动物脚印?　P.23

为什么许多鸟
类喜欢在清晨
捕食昆虫?

P.24-P.25

壳斗科植物有什么
特色?

P.13

太好了！
你是不是觉得：
Open a Book！
Open the World！

为什么蜥蜴白
天活动的时间
比较晚?

P.25

哪种昆虫会严重危
害松树?

P.15

交嘴雀如何打开球
果，取食松子?

P.15

大洋
牌。

为什么无尾熊很
少活动?

P.27

甲虫是指哪种
昆虫?

P.26

哪一种森林只有干
季和雨季?

P.16

穴有什
?

P.19

为什么蚯蚓的视
觉严重退化?

P.18

获得欧洲金
牌一枚，请
继续加油！

森林中哪些动物会
冬眠?

P.17

图书在版编目（CIP）数据

森林动物：大字版 / 巫红霏撰文 . —北京：中国盲文
出版社，2014.5
（新视野学习百科；20）
ISBN 978-7-5002-5032-6

Ⅰ . ①森… Ⅱ . ①巫… Ⅲ . ①森林动物—青少年读物
Ⅳ . ①Q 95-49

中国版本图书馆 CIP 数据核字 (2014) 第 061033 号

原出版者：暢談國際文化事業股份有限公司
著作权合同登记号 图字：01-2014-2145 号

森 林 动 物

撰　　　文：巫红霏
审　　　订：李玲玲
责任编辑：丁　然
出版发行：中国盲文出版社
社　　　址：北京市西城区太平街甲 6 号
邮政编码：100050
印　　　刷：北京盛通印刷股份有限公司
经　　　销：新华书店
开　　　本：889×1194 1/16
字　　　数：33 千字
印　　　张：2.5
版　　　次：2014 年 12 月第 1 版　2014 年 12 月第 1 次印刷
书　　　号：ISBN 978-7-5002-5032-6/ Q · 16
定　　　价：16.00 元
销售热线：（010）83190288 83190292　　　　　版权所有　侵权必究

绿色印刷　保护环境　爱护健康

亲爱的读者朋友：

　　本书已入选"北京市绿色印刷工程—优秀出版物绿色印刷示范项目"。它采用绿色印刷标准印制，在封底印有"绿色印刷产品"标志。

　　按照国家环境标准（HJ2503-2011）《环境标志产品技术要求 印刷 第一部分：平版印刷》，本书选用环保型纸张、油墨、胶水等原辅材料，生产过程注重节能减排，印刷产品符合人体健康要求。

　　选择绿色印刷图书，畅享环保健康阅读！

北京市绿色印刷工程